Ernst Probst

Die Kupferzeit

Wie die ersten Metalle
in Mitteleuropa bekannt wurden

*Allen Prähistorikern und Prähistorikerinnen gewidmet,
die mich bei meinen Büchern über die Steinzeit unterstützt haben*

Impressum:
Die Kupferzeit
1. Auflage als Print-Buch: Juli 2019
Autor: Ernst Probst
Im See 11, 55246 Mainz-Kostheim
Telefon: 06134/21152
E-Mail: ernst.probst (at) gmx.de
Herstellung: Amazon Distribution GmbH, Leipzig
Alle Rechte vorbehalten
ISBN: 978-1-081-62061-5

Tönerner Gusstiegel der Pfyner Kultur
von Wolpertswende am Schreckensee (Kreis Ravensburg)
in Baden-Württemberg. Länge 16,8 Zentimeter.
Damit wurde heißes und flüssiges Kupfer in die Form gegossen.
Original im Landesdenkmalamt Baden-Württemberg,
Pfahlbauarchäologie Bodensee-Oberschwaben,
Gaienhofen-Hemmenhofen.
Foto: Landesdenkmalamt Baden-Württemberg,
Pfahlbauarchäologie Bodensee-Oberschwaen,
Gaienhofen-Hemmenhofen

Kupfergießer der Pfyner Kultur (etwa 3.900 bis 3.500 v. Chr.)
bei der Arbeit. Er gießt das flüssige und heiße Kupfer
in eine Gussform für einen Kupferdolch.
Zeichnung: Fritz Wendler (1941–1995)
für das Buch „Deutschland in der Steinzeit" (1991)
von Ernst Probst

Vorwort

Mit der Periode zwischen Jungsteinzeit und Bronzezeit, in der neben Stein auch Kupfer als Rohstoff zur Herstellung von Werkzeugen, Waffen und Schmuck diente, befasst sich das Taschenbuch „Die Kupferzeit". Dieser wichtige Abschnitt in der Geschichte der Menschheit wird auch Chalkolithikum, Kupfersteinzeit, Steinkupferzeit oder Äneolithikum genannt. Das Auftreten des Kupfers erfolgte in einzelnen Gebieten, Kulturen und Kulturstufen zu verschiedenen Zeiten. In Deutschland, Österreich und in der Schweiz begann die Kupferzeit schon früher als 4.000 v. Chr. und klang um 2.300 v. Chr. mit dem Beginn der Bronzezeit aus. Die ältesten Kupferfunde Deutschlands stammen aus der Zeit der Gaterslebener Gruppe, Bischheimer Gruppe, Jordansmühler Gruppe, Trichterbecher-Kultur, Baalberger Kultur, Hornstaader Gruppe und Pfyner Kultur. Aus dem vierten Jahrtausend v. Chr. liegen Goldfunde in Bulgarien, Ungarn, Österreich, Tschechien und Deutschland vor. Die ältesten Silberschmuckstücke sind aus den frühen Stadtkulturen in Ägypten und Mesopotamien sowie aus der kupferzeitlichen Glockenbecher-Kultur bekannt. In der Kupferzeit rollten die ersten Wagen mit hölzernen Scheibenrädern, wurden erstmals Pferde als Reittiere genutzt und entstand die erste Schrift.

Wiener Fabrikant und Heimatforscher
Matthäus Much (1832–1909).
Bild: Thomas Ledl / CC-BY-SA4.0 (via Wikimedia Commons),
lizensiert unter Creative-Commons-Lizenz by-sa-4.0-en,
https://creativecommons.org/licenses/by-sa/4.0/legalcode

Die Kupferzeit

Die Zeit, von der an erstmals in verschiedenen Kulturen und Gruppen in nennenswertem Umfang Metalle wie Kupfer, Gold und Silber abgebaut, verarbeitet, getauscht und importiert wurden, bezeichnet man mit unterschiedlichen Namen. Und dies ungeachtet der Tatsache, dass die entsprechenden Kulturstufen häufig zeitgleich und sogar geographisch benachbart waren.

In Vorderasien, wo schon im siebten Jahrtausend v. Chr. und damit nachweislich am frühesten Kupfer verwendet wurde, spricht man vom Chalkolithikum (griechisch: chalkos = Erz, Kupfer, griechisch: lithos = Stein), zu deutsch: Kupfersteinzeit. Damit ist die Periode zwischen Jungsteinzeit und Bronzezeit gemeint, in der neben Stein auch Kupfer als Rohstoff zur Herstellung von Werkzeugen, Waffen und Schmuck diente.

Der Prager Prähistoriker Josef Schránil (1893–1940) hat 1929 den Begriff Steinkupferzeit verwendet. Auf dem Balkan und im südöstlichen Mitteleuropa (beispielsweise Ungarn), wo ab dem fünften Jahrtausend v. Chr. verschiedene Gegenstände aus Kupfer und Gold hergestellt wurden, benutzen die Prähistoriker den Begriff Kupferzeit. Von einem Kupferalter sprach 1861 schon der irische Archäologe und Ethnologe William Robert Wilde (1815–1876) aus Dublin. Den Begriff Kupferzeit hat wohl am nachhaltigsten der österreichische Fabrikant und Prähistoriker Matthäus Much (1832–1909) aus Wien geprägt, der das 1893 erschienene Buch „Die Kupferzeit in Europa" schrieb.

In der tschechischen Forschung ist der Ausdruck Äneolithikum für die Periode ab der Spät-Lengyel-Zeit üblich, in der neben Stein auch Kupfer verarbeitet wurde. Der Name Äneolithikum

Don Gaetano Chierici (1819–1886).
Foto: Porträt vor 1886

(lateinisch: aes = das Erz, Kupfer, Bronze, aeneus = ehern, griechisch: lithos = Stein, also Kupfersteinzeit) geht auf den römisch-katholischen Priester sowie Gründer und Direktor des „Museo paletnologico" in Reggio Emilia, Don Gaetano Chierici (1819–1886), zurück, der 1884 erstmals den Ausdruck „eneo litico" verwendete (Bullettino di Paletnologia Italiana 10, S. 151).

In Mitteleuropa – unter anderem in Deutschland, Österreich und der Schweiz – war der Gebrauch des Kupfers in der entwickelten Jungsteinzeit nicht so alltäglich wie in den bereits genannten Gebieten. Deshalb ist der Begriff Kupferzeit in der Wissenschaft hier auch umstritten. Wenn man ihn in den deutschsprachigen Ländern anwendet, lässt man die Kupferzeit schon früher als 4.000 v. Chr. beginnen und um 2.300 v. Chr. mit dem Beginn der Bronzezeit ausklingen.

Der Name Kupfer (lateinisch: cuprum) erinnert an die kupferreiche Mittelmeerinsel Zypern. Zu den frühesten Kupferfunden aus Vorderasien gehören die zu Schmuckzwecken angefertigten Kupferperlen aus Çatal Hüyük in Anatolien aus dem siebten Jahrtausend v. Chr. Auch an anderen Fundorten innerhalb der Gebirgsrandzone zwischen Anatolien und Südiran kamen kupferne Gegenstände zum Vorschein, die aus dem siebten und sechsten Jahrtausend v. Chr. stammen. Das Rohmaterial dafür wurde von Kupfervorkommen gewonnen, die bis zur Erdoberfläche reichten.

Das im siebten und sechsten Jahrtausend v- Chr. abgebaute Kupfer formte man zunächst in kaltem Zustand durch Hämmern, wie dies auch bei Gold und Silber möglich ist. Allmählich wurden die Methoden verbessert, indem man das Kupfer erhitzte und zu Nadeln, Pfriemen, Perlen oder anderen Objekten verarbeitete.

Die Erzverhüttung hat man vielleicht zufällig entdeckt, als

Erzstücke in Töpferöfen gerieten, wie es sie seit etwa 7.000 v. Chr. gab. Bergmännisch gewonnenes Kupfererz wurde bei Temperaturen von mehr als 1.080 Grad Celsius geschmolzen. Das glühend heiße, flüssige Metall holte man mit Hilfe von tönerner Gusstiegeln aus dem Schmelzofen. Aus solchen Gusstiegeln goss man das flüssige Kupfer in Stein- bzw. Lehmformen, deren Hälften Negativabdrücke des gewünschten Endproduktes enthielten. Nach dem Abkühlen konnte man den Formen das gewünschte Kupfergerät entnehmen. Zu einer weiteren Neuerung kam es im fünften Jahrtausend v. Chr. Damals verwendeten die Angehörigen der Tell-Halaf Kultur in Südwestasien und Kupfergießer in Transkaukasien erstmals arsenhaltiges Kupfer zum Guss von Werkzeugen, Waffen und Schmuck. Der namengebende Fundort Tell Halaf wurde 1899 durch den deutschen Forschungsreisenden Max von Oppenheim (1860–1946) entdeckt. Er hat 1899, von 1911 bis 1913 und von 1927 bis 1929 dort Grabungen vorgenommen. Unter einem Tell versteht man einen Hügel, der dadurch entstand, dass am selben Ort immer wieder neue Behausungen (Lehmbauten) auf dem Schutt der vorherigen errichtet wurden. Der Begriff Tell-Halaf-Kultur wurde vermutlich zuerst in einem Brief des englischen Archäologen Charles Leonard Woolley (1880–1960) vom 26. Juni 1913 an den englischen Archäologen David George Hogarth (1862–1929) in Oxford verwendet. Eine der frühesten Verwendungen des Begriffs Tell-Halaf-Kultur bzw. -Stufe in der Literatur erfolgte in dem von dem deutschen Archäologen Ernst Herzfeld (1879–1948) verfassten Aufsatz „Völker- und Kulturzusammenhänge im Alten Orient" in „Deutsche Forschung. Aus der Arbeit der Notgemeinschaft der Deutschen Wissenschaft", Heft 5, S. 33, 67, 1928. Die aus arsenhaltigem Kupfer geschaffenen Produkte waren härter als das normale Kupfer und besaßen bereit Eigenschaften wie die später in Mode kommende erste Metalllegierung aus Kupfer und Zinn, die Bronze genannt wird. Bald darauf gab es auf dem Balkan verschiedene Kulturen, die in größerem Umfang aus einheimischen Kupfererzlagerstätten verschiedene Geräte und Schmuckstücke schufen. Zu den bedeutendsten Kupfertagebauen aus diesem Abschnitt gehören die Lagerstätten von Ai-Bunar nördlich der südbulgarischen Stadt Stara Zagora. Deren nahe an der Erdoberfläche befindliche Kupfervorkommen wurden von Angehörigen der Gumelnita-Kultur ausgebeutet. Bei den Ausgrabungen von 1971 bis 1974 in Ai-Bunar kamen bis zu 20 Meter tiefe und 100 Meter lange kammerartige Stollen zum Vorschein. Daraus wurden mehrere tausend Tonnen erzreiches Gestein abgebaut und vermutlich auf nahegelegenen Schmelzplätzen zu Kupferbarren und verschiedenartigen Beilen und Äxten weiter verarbeitet. Die Gussnähte mancher dieser Erzeugnisse dokumentieren, dass die dortigen Handwerker schon Gussmethoden mit dreiteiligen Formen beherrschten. Metallographische und spektralanalytische Untersuchungen an Kupferfunden auf dem Nordostbalkan und von Fundstellen der ukrainischen Tripolje-Kultur belegen, dass diese aus dem in Ai-Bunar geförderten Kupfererz bestehen. Das dort gewonnene Erz wurde also über weite Strecken transportiert und getauscht.

Durch Austausch und durch Erzsucher (Prospektoren) gelangte das Wissen um die Verwendungsmöglichkeiten des Kupfers vom Balkan und dem östlichen Mittelmeer in das übrige Europa. Dort wurden von manchen Kulturen oder Gruppen entweder Kupfererzeugnisse importiert oder bewusst abgelehnt. In den Kulturen, die Kupferprodukte einführten, lernte man bald, sie umzuarbeiten oder importierte Kupferbarren selbst zu verarbeiten. Wenn heimische Kupfervorkommen vorhanden waren, begann man selbst mit dem Abbau des Erzes und einer eigenen Produktion von Werkzeugen, Waffen und Schmuck. Das unterschiedliche Interesse am Kupfer führte dazu, dass es in Europa zur selben Zeit Kulturen oder Gruppen gab, die bereits kupferzeitliches Niveau aufwiesen, daneben aber auch solche, die noch rein jungsteinzeitlich waren. Im Laufe der Jahrtausende kam es keineswegs zu einem gleichmäßigen Ansteigen des Kupfergebrauches, statt dessen ist ein ständige Auf und Ab zu beobachten. Mitunter verzichtete man in einer Kultur oder Gruppe auf die Verwendung von Kupfer, obwohl die Vorgänger bereits die Kupferverarbeitung beherrscht hatten. Der Grund dafür konnten kriegerische Auseinandersetzungen, Bevölkerungsumschichtungen, ein Versiegen der Kupferimporte oder unruhige Zeiten sein, welche die heimische Produktion destabilisierten.

Die ältesten Kupferfunde in Deutschland sind aus der Gaterslebener Gruppe (etwa 4.400 bis 4.200 v. Chr.), Bischheimer Gruppe (etwa 4.400 bis 4.200 v. Chr.), Jordansmühler Gruppe (etwa 4.300 bis 3.900 v. Chr.), der nordwestdeutscher Trichterbecher-Kultur (etwa 4.300 bis 3.000 v. Chr.), der Baalberger Kultur (etwa 4.300 bis 3.700 v. Chr.), der Hornstaader Gruppe (etwa 4.100 bis 3.900 v. Chr.) und der Pfyner Kultur (etwa 3.900 bis 3.500 v. Chr.) bekannt. Sie wurden meistens früher als 4.000 v. Chr. angefertigt. Wenn keine Funde von Gusstiegeln mit Kupferresten oder Werkzeugen zur Kupferverarbeitung vor-liegen, ist es schwer nachweisbar, ob die betreffende Kultur selbst Kupfer verarbeitete oder lediglich Kupfererzeugnisse importiert hat. Nach den Funden zu schließen, haben in Deutschland fast alle Kulturen und Gruppen in der Zeit von etwa 4.400 bis 2.300 v. Chr. Kupfergegenstände besessen – sei es aus eigener Produktion oder als Importware. Nur die

Menschen der Schönfelder Kultur (etwa 2.500 bis 2.100 v. Chr.) zeigten an dem Metall offensichtlich wenig Interesse.

An einem der schätzungsweise 50 Fundplätze der Gaterslebener Gruppe wurden zwei Kupferblechröhrchen entdeckt, die als Schmuck dienten. Sie kamen in einem der Gräber des Ortsteils Rössen von Leuna (Saalekreis) zum Vorschein, sind heute aber leider verschollen. Manche Prähistoriker halten es für möglich, dass ein Teil der in Mitteldeutschland geborgenen kreuzschneidigen Kupferäxte von Angehörigen der Gaterslebener Gruppe eingetauscht worden ist. Solche nicht genau datierbaren Äxte, bei denen es sich um Einzelfunde handelt, werden allgemein in die Zeitspanne zwischen der Gaterslebener Gruppe und der Salzmünder Kultur (etwa 3.700 bis 3.200 v. Chr.) eingestuft.

Die Bischheimer Gruppe gehört zu den ältesten jungsteinzeitlichen Kulturstufen in Deutschland, die Kupfererzeugnisse von höher entwickelten Kulturen Südosteuropass importierten. Tauschgeschäfte und Fernverbindungen werden durch eine kleinen kupfernen Meißel sowie einen Ring aus einer Grube von Schernau (Kreis Kitzingen) in Bayern dokumentiert. Der Meißel ist 5,5 Zentimeter lang, der Ring hat einen Durchmesser von etwa 2 Zentimetern.

In den Gräbern der Jordansmühler Gruppe in Polen (Niederschlesien), Böhmen und Mähren wurde reicher Kupferschmuck entdeckt. Die Angehörigen dieser Kulturstufe haben aus dem Südosten, vor allem aus dem Bereich der Bodrogkeresztúr-Kultur, die Kenntnis des Kupfers übernommen. Sie nutzten einheimische Kupferfunde (Nuggets) oder Erze oder verarbeiteten diese. Die Jordansmühler Leute gehören in Mitteleuropa mit zu den ersten jungsteinzeitlichen Siedlern, die in großer Zahl Kupfergegenstände herstellten und nutzten.

Erdal-Bilderreihe Nr. 116 Bild 1

*Bau eines Großsteingrabes zur Zeit
der norddwestdeutschen Trichterbecher-Kultur.
Zeichnung von Gerhard Beuthner (1867–nach 1935),
veröffentlicht in dem Erdal-Bilderbuch
„Aus Deutschlands Vorzeit" (1937)
von Erich Lissner (1902–1980)*

Im Verbreitungsgebiet der nordwestdeutschen Trichterbecher-Kultur hat man außer Geräten aus Stein, Knochen und Geweih auch flache Beilklingen und andere Gegenstände aus Kupfer nachgewiesen. Da die kupfernen Objekte vor allem im Küstengebiet gefunden wurden, nimmt man an, dass sie auf dem Wasserweg – vielleicht über die Oder – aus Südosteuropa nach Nordwestdeutschland gelangt sind. Kupferstücke stammen vor allem aus Großsteingräbern. Für einen Abbau der Kupfervorkommen auf der Nordseeinsel Helgoland durch Trichterbecher-Leute konnten bisher keine archäologischen Belege gefunden werden. Nach Ansicht der meisten Prähistoriker handelt es sich bei den Kupferfunden der nordwest-deutschen Trichterbecher-Kultur um Importware.

Die Kupferfunde der Baalberger Kultur zählen zu den ältesten Nachweisen von Metall in der mitteldeutschen Jungsteinzeit. Kupferfunde kamen vor allem in Gräbern zum Vorschein. Dabei handelt es sich meist um Spiralröllchen oder Blechanhänger mit eingerolltem Ende (auch Blechzungen genannt). So entdeckte man in einem Kindergrab von Preußlitz (Salzlandkreis) in Sachsen-Anhalt kupferne Spiralröllchen und Blechzungen, die vielleicht zu einer Halskette gehörten. Reste von mindestens zwei Kupferspiralen, die vermutlich Teil einer Halskette waren, wurden in einem Grab von Bünde (Kreis Jerichower Land) östlich von Magdeburg geborgen. Und in einem Kindergrab von Unseburg (Kreis Salzlandkreis) in Sachsen-Anhalt fand man außer einem kupfernen Spiralröllchen auch einen Spiralarmring. Außer den seltenen kupfernen Spiralröllchen, Blechzungen und Armringen fertigte man Schmuck aus Bernstein, Knochen und durchbohrten Tierzähnen an. Am mittelböhmischen Fundort Makotrasy wurde ein fragmentarisch erhaltener Tontiegel mit Resten von Kupferschlacke entdeckt. Er beweist, dass die dort ansässigen Baalberger Leute bereits

*Kupferscheibe von Hornstaad-Hörnle I
bei Gaienhofen-Hemmenhofen (Kreis Konstanz) am Bodensee
in Baden-Württemberg.*
Foto: Landesdenkmalamt Baden-Württemberg,
Pfahlbauarchäologie Bodensee-Oberschwaben,
Gaienhofen-Hemmenhofen

selbst Kupfererzeugnisse herstellten. Vielleicht hatten sie diese Fähigkeit von osteuropäischen Zeitgenossen aus rund 200 Kilometer Entfernung gelernt.

Die Angehörigen der Hornstaader Gruppe, die als erste Seeufersiedlungen am Bodensee anlegten, haben bei Kontakten mit Zeitgenossen begehrte Produkte getauscht. Um ein sehr seltenes Importstück dürfte es sich bei einer nahezu runden Kupferscheibe von maximal 11,3 Zentimeter Durchmesser und einem Gewicht von 56 Gramm handeln, die im Brandhorizont der Siedlung Hornstaad-Hörnle I entdeckt wurde. Diese Scheibe gilt als einer der ältesten Kupferfunde in Deutschland. Das ungewöhnliche Stück stammt vielleicht aus Südosteuropa, da man von dort ähnliche Funde kennt, die aus Kupfer und mitunter sogar aus Gold angefertigt wurden.

In Österreich erzeugten die Angehörigen der Bisamberg-Oberpullendorf-Gruppe, der Badener Kultur (etwa 3.600 bis 3.000 v. Chr.), der Mondsee-Gruppe (etwa 3.700 bis 3.000 v. Chr.) und der Cosihy-Caka/Makó Gruppe (etwa 2.800 bis 2.500 v. Chr.) selbst Kupferprodukte.

Gusslöffel der Bisamberg-Oberpullendorf-Gruppe vom Bisamberg bei Klein-Engersdorf unweit von Wien werden als die frühesten Belege einer einheimischen Kupferindustrie in Niederösterreich betrachtet. Sie markieren den Beginn der Kupferverarbeitung in Österreich. Ähnlich alt dürfte ein kleines Schmelzstück aus Kupfer aus Salzburg sein.

Die Menschen der Badener Kultur trugen in manchen Fällen bereits kupferne Halsringe mit eingerollter Öse an jedem der beiden Enden. Sie gelten als Vorläufer der frühbronzezeitlichen Ringe. Solche Ösenhalsringe hat man in der Königshöhle bei Baden sowie in Leobersdorf und Lichtenwörth (alle in Niederösterreich) geborgen. Die große Anzahl dieser kupfernen Drahthalsringe ist bemerkenswert. Die Grabzusam-

Frau mit Kupferschmuck aus der Kupferzeit
um 3.800 v. Chr. in Niederösterreich
während der warmen Jahreszeit.
Zeichnung: Fritz Wendler (1941–1995)
für das Buch „Deutschland in der Steinzeit" (1991)
von Ernst Probst

menhänge legen nahe, dass sie wohl bedeutenden Personen vorbehalten blieben. Mit einem ungewöhnlichen Schmuckstück hatte man auch einen toten Mann ins Vörs (Ungarn) bestattet. Er trug ein kupfernes Diadem mit stilisierten Tierhörnern auf dem Kopf. Vermutlich war der Verstorbene ein Häuptling oder Priester. Außer Werkzeugen aus Feuerstein und Felsgestein besaßen die Badener Leute auch solche aus Kupfer. Weitaus mehr Kupfergeräte als in Österreich kamen im slowakisch-ungarischen Gebiet zum Vorschein. Sie bestanden vermutlich aus Kupfer, das in der mittleren Slowakei gewonnen wurde. Zu den Werkzeugen aus Kupfer gehörten Ahlen und Hammer-äxte.

Von Tauschgeschäften der Mondsee-Gruppe zeugen unter anderem manche Kupferfunde. Denn das in oberösterreichischen Seeufersiedlungen verarbeitete Kupfer ist teilweise aus Ungarn oder Siebenbürgen importiert worden. Im Bergbaugebiet, vor allem aus dem von Mühlbach-Bischofshofen (Bundesland Salzburg) dürften die Mondsee-Leute selbst Kupfer gefördert haben.

Die Leute der Kosihy-Caka/Makó-Gruppe stellten Werkzeuge aus Stein, Knochen (beispielsweise Ahlen) und Kupfer her. In einem Brandgrab von Sal'a in der Slowakei barg man einen 12,5 Zentimeter langen und 3,7 Zentimeter breiten Gegenstand aus Kupfer, der an einer Stelle des Randes drei kleine Löcher aufweist. Dieses Stück wird als Rasiermesser oder Messer interpretiert.

In der Schweiz und in Süddeutschland taten sich die Leute der Pfyner Kultur (etwa 3.900 bis 3.500 v. Chr.) bei der Kupferverarbeitung besonders hervor. Neben Werkzeugen und Waffen aus Holz, Stein, Knochen und Geweih stellten die Pfyner Ackerbauern und Viehzüchter auch bereits mancherlei Geräte aus Kupfer her. Dies verraten einige Funde von tönernen

Klinge eines Kupferdolches der Pfyner Kultur
aus dem Schorrenried bei Reute
im „Landesmuseum Württemberg Stuttgart.
Foto: Anagoria / CC-BY3.0 (via Wikipedia Commons),
lizensiert unter Creative-Commons-Lizenz by-sa3.0-de,
https://creativecommons.org/licenses/by/3.0/legalcode

Gusstiegeln in den Siedlungen Wangen und Bodman am Bodensee sowie in Wolpertswende am Schreckensee. Sie unterscheiden sich durch ihre dicken Wände, den groben Ton und anhaftende Metallreste von normalen Keramikschöpfern. Der Gusstiegel aus Wolpertswende ist einschließlich Griff 16,8 Zentimeter lang, 12,2 Zentimeter breit und hat bis zu 1,8 Zentimeter dicke Wände. Solche Gusstiegel dienten dazu, das heiße und flüssige Kupfer in die Form zu gießen. Zu den Kupfergeräten der Pfyner Kultur gehören die 11,8 Zentimeter lange Klinge eines Dolches aus dem Schorrenried bei Reute sowie Flachbeile aus Bodman, Überlingen, Nußdorf, Maurach und Konstanz am Bodensee. Die kupferne Beilklinge, die man 1991 zusammen mit der Gletschermumie „Ötzi" in den Ötztaler Alpen (Südtirol) barg, unterscheidet sich nur gering-fügig von Beilen der Pfyner Kultur.

Tönerne Gusstiegel barg man auch in etlichen Siedlungen der Pfyner Kultur aus den schweizerischen Kantonen Zürich (Wetzikon-Robenhausen, Männedorf-Unterdorf, Uerikon-Im Länder, Horgen-Dampfschifffahrtssteg, Zürich-Rentenanstalt, Zürich-Bauschanze, Meilen-Feldmeilen), Thurgau (Steckborn-Turgi, Steckborn-Schanz, Niederwil, Egelsee) und Schaffhausen (Stein am Rhein-Hof). Allein in der Seeufersiedlung Wetzikon-Robenhausen konnte man zehn Gusstiegel bergen. Dort kamen auch kleine Kupferäxte zum Vorschein. Von wem die Pfyner Leute die Kupferverarbeitung übernommen haben, ist noch nicht genau erforscht.

Die in der Schweiz zur gleichen Zeit wie die Pfyner Kultur existierende, westlich benachbarte Cortaillod-Kultur (etwa 4.000 bis 3.500 v. Chr.), stellte nicht selbst Kupferprodukte her, sondern importierte sie.

Weitere Kupferfunde kennt man aus der Vinca-Kultur in Serbien, Siebenbürgen und im westlichen Teil Bulgariens, der

Rekonstruktion des Gletschermannes „Ötzi"
im „Südiroler Archäologiemuseum" in Bozen (Italien).
Foto: Thilo Parg / CC-BY-SA3.0 (via Wikimedia Commons),
lizensiert unter Creative-Commons-Lizenz by-sa-3.0,
https://creativecommons.org/licenses/by-sa/3.0/legalcode

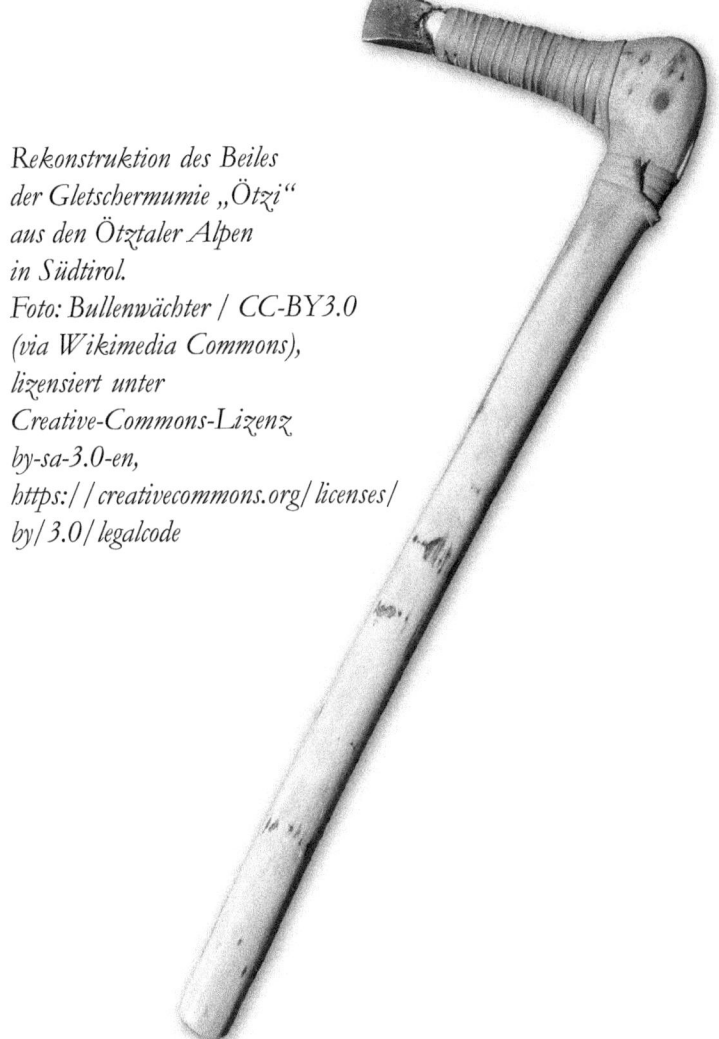

Rekonstruktion des Beiles
der Gletschermumie „Ötzi"
aus den Ötztaler Alpen
in Südtirol.
Foto: Bullenwächter / CC-BY3.0
(via Wikimedia Commons),
lizensiert unter
Creative-Commons-Lizenz
by-sa-3.0-en,
https://creativecommons.org/licenses/
by/3.0/legalcode

Gumelnita-Kultur in Süd- und Ostrumänien und Nordost-
bulgarien sowie in Ungarn aus der Tiszapolgár-Kultur, Balaton
Gruppe, Bodrogkeresztúr-Kultur und Badener Kultur, die auch
in Österreich verbreitet war.
Den Namen Vinca-Kultur hat 1936 der jugoslawische Prä-
historiker Miloje M. Vasiæ (1869–1956) aus Belgrad geprägt.
Der Fundort Vinca liegt an der Donau südlich von Belgrad.
Vasiæ hat 1908 in Vinca gegraben. Der ältere Teil der Vinca-
Kultur wird Vinca-Tordos-Gruppe genannt, der jüngere Vinca-
Plocnik-Gruppe.
Den Begriff Gumelnita-Kultur führte 1928 der rumänische
Prähistoriker Ion Nestor (1905–1974) aus Bukarest ein. Der
Tell Gumelnita liegt im Donautal von Muntenien in Rumänien.
Dort hat 1925 der Bukarester Prähistoriker Vladimir Dumitres-
cu (1902–1991) gegraben.
Der Ausdruck Tiszapolgár-Kultur im heutigen Sinn wurde 1963
erstmals durch die ungarische Prähistorikerin Ida Bognár-
Kutzian (1918–2009) aus Budapest benutzt. Namengebender
Fundort ist das Gräberfeld Tiszapolgár-Basatanya östlich von
Miskoc in Nordungarn. In Tiszapolgár legte 1929 der Buda-
pester Prähistoriker Ferenc von Tompa (1893–1943) elf Gräber
frei. Weitere 159 Gräber wurden von 1950 bis 1954 durch Ida
Bognár-Kutzian aufgedeckt.
Der Name Balaton-Gruppe wurde 1969 von dem ungarischen
Prähistoriker Nándor Kalicz (1928–2017) aus Budapest ver-
wendet. Jena Kulturstufe war vor allem im Gebiet um den
Plattensee (Balaton) verbreitet.
Den Begriff Bodrogkeresztúr-Kultur hat 1929 der ungarische
Anthropologe und Prähistoriker Jenö Hillebrand (1884–1950)
aus Budapest geprägt. Er erinnert an den Fundort Bodrog-
keresztúr nahe der Mündung des Flusses Bodrog am Ab-
hang des Tokajberges in Nordsostungarn. An diesem Ort hat

man von 1920 bis 1923 etwa 50 Gräber dieser Kultur frei-
gelegt.
Der Ausdruck Badener Kultur wurde Anfang der 1920er Jahre
von dem Wiener Prähistoriker Oswald Menghin (1888–1973)
eingeführt. Dieser Name ist von den Funden in der Königshöhle im Wolfstal bei Baden in Niederösterreich abge-
leitet.
Das Kupfer hat das Leben der damaligen Menschen nicht
grundsätzlich verändert. Der größte Teil der im Alltag verwendeten Gegenstände wurde weiterhin aus Stein, Knochen,
Geweih und Holz angefertigt. Die Gewinnung und Verarbeitung
von Kupfer erforderten jedoch die Beteiligung von Spezialisten.
Dazu benötigte man Erzsucher, Zimmerleute für den Ausbau
von Schächten, Bergleute für den Abbau des erzhaltigen
Gesteins und Metallarbeiter (Schmiede, Kupfergießer), die das
Erz einschmolzen. Diese Metallwerker waren aller Wahr-
scheinlichkeit nach auch selbst am Vertrieb des Kupfers be-
teiligt.
Später als auf das Kupfer wurde der Mensch auf das Gold
aufmerksam. Dieses Metall war schon früher als 4.000 v. Chr.
bekannt. Aus dieser frühen Zeit stammen die reichen Goldfunde aus dem 1912 entdeckten Gräberfeld von Varna in
Bulgarien. Dort wurden zusammen mit 40 Kupfergeräten
insgesamt etwa 3.000 goldene Schmuckstücke mit einem
Gesamtgewicht von 6.000 Gramm geborgen. Zum Goldschmuck von Varna gehören Arm- und Stirnreifen, Halsketten,
massive Zierenden von Zepterstäben und zahlreiche auf die
Kleidung aufgenähte Anhänger aus Goldblech. In Varna sind
wahrscheinlich Angehörige einer an Tauschgeschäften mit
balkanischem Kupfer beteiligten Oberschicht bestattet worden.
Aber auch aus Ungarn, Österreich, Tschechien und Deutschland liegen Goldfunde aus dem vierten Jahrtausend v. Chr. vor.

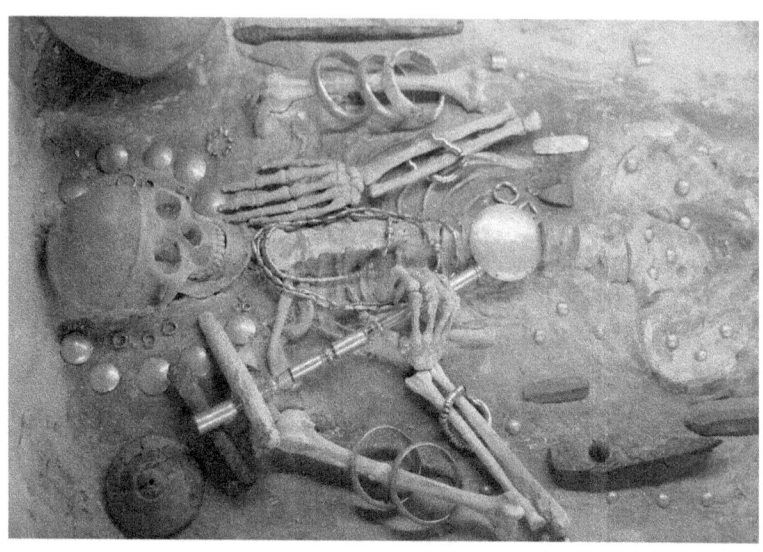

Grab der Varna-Kultur (etwa 4.600 bis 4.100 v. Chr.)
mit Goldschmuck in Varna (Bulgarien).
Original im „Archäologischen Museum Varna".
Foto: Zde / CC-BY-SA4.0 (via Wikimedia Comons),
lizensiert unter Creative-Commons-Lizenz by-sa-4.0-en,
https://creativecommons.org/licenses/by-sa/4.0/legalcode

Besonders viel Gold haben die Menschen der Bodrogkeresztúr-Kultur in Ungarn hinterlassen. Bisher wurde an 15 Fundplätzen dieser Kultur Gold entdeckt. Die reichsten Goldfunde kamen in Bodrogkeresztúr, Jászladány, Tiszaskeszi und Tiszazölös zum Vorschein. Dabei handelt es sich um Kopf- oder Brustschmuck in Form von gerippten Blechröhren, Perlen, Scheiben- oder Ringanhängern. Auffällig große und schwere Goldplatten der Bodrogkeresztúr-Kultur sind mit stilisierten Darstellungen von Menschen versehen, die möglicherweise die kultisch verehrte „Große Mutter" symbolisierten. Eine Goldscheibe aus Moigrad in Rumänien hat einen Durchmesser von 31 Zentimetern und wiegt 750 Gramm. Derartige Kostbarkeiten dürften das Eigentum von Häuptlingen oder Priestern gewesen und bei Zeremonien getragen worden sein.

In Österreich gelten zwei im Sommer 1864 von einem Hirtenjungen auf der Hohen Wand bei Stollhof westlich von Wiener Neustadt entdeckte Scheiben aus getriebenem Goldblech als die frühesten Goldfunde. Eine davon hat einen Durchmesser von 13,8 Zentimetern und einem Gewicht von 121 Gramm, die andere einen Durchmesser von 10,6 Zentimetern und ein Gewicht von 71 Gramm. Die Scheiben sind am Rand mit Punktreihen und in der Mitte mit drei Buckeln verziert. Jene Goldscheiben waren vermutlich an einer Halskette befestigt. Jede von ihnen hatte man durchlocht. Diese sicherlich auch damals sehr wertvollen Stücke dürften von einem Häuptling oder Priester getragen worden sein. Die beiden Goldscheiben aus der Zeit um schätzungsweise 3.800 v. Chr. wurden zusammen mit schweren Spiralen und Flachbeilen aus reinem Kupfer geborgen.

In Deutschland belegen Gräberfunde, dass Angehörige der nordwestdeutschen Trichterbecher-Kultur massive Goldringe importierten. Ein Armring aus drei Millimeter dickem Gold-

Erdal-Bilderreihe Nr. 117 Bild 5

„Glockenbecherleute" von Gerhard Beuthner (1867–nach 1935),
veröffentlicht in dem Erdal-Bilderbuch
„Aus Deutschlands Vorzeit" (1937) von Erich Lissner (1902–1980)

draht kam 1933 in einem der Flachgräber von Himmelpforten (Kreis Stade) in Niedersachsen zum Vorschein. Man vermutet, dass dieses Gold aus Irland oder Siebenbürgen stammt. Ähnliche Herkunft wird auch für einen 43 Gramm schweren massiven goldenen Armring mit einem Durchmesser von maximal 8,5 Zentimetern aus Schwesing (Kreis Nordfriesland) in Schleswig-Holstein angenommen. Bei Schwesing wurden 1939 bei Erdarbeiten sechs Grabhügel abgetragen, deren Untersuchung im Auftrag der „Provinzialstelle für vor- und frühgeschichtliche Landesaufnahme und Bodendenkmalpflege" von dem Geologen Albert Bantelmann (1911–1999) aus Schleswig durchgeführt wurde. Dabei stieß man in Grabhügel 6 auf ein Großsteingrab (Langbett), in dem man einen goldenen Armring barg.

Zu den Funden aus Gräbern der Glockenbecher-Kultur von Leopoldsdorf bei Wien gehören Schmuck aus Gold und Bernstein. Dort hatte man offenbar die Mitglieder gesellschaftlich herausragender Familien bestattet. Im glockenbecherzeitlichen Steinkistengrab 5 der Totenstadt von Pitten-Petit-Chasseur im schweizerischen Kanton Wallis lag ein goldener Ring mit einem Durchmesser von etwa einem Zentimeter. Der Originalfund wird im „Musée cantonal d'archeologie" in Sitten (Sion) aufbewahrt.

Noch später als Kupfer und Gold lernten die Menschen der Kupferzeit das Silber schätzen. Von den frühen Stadtkulturen im Vorderen Orient wurde es seit etwa 2.500 v. Chr. verarbeitet. Etwas jünger sind Funde von Silberschmuck der in weiten Teilen Europas verbreiteten Glockenbecher-Kultur (etwa 2.500 bis 2.200 v. Chr.). Silberfunde dieser Kultur wurden in Österreich und in der Schweiz entdeckt. In einem Brandgrab von Oberndorf in der Ebene bei Herzogenburg in Niederösterreich barg man einen fragmentarisch erhaltenen verzierten Locken-

Wagenmodell mit Spuren von Silber
aus der Kupferzeit (etwa 4.500 bis 2.220 v. Chr.)
in Anatolien (Türkei).
Foto: Ismoon / CC-BY-SA4.0 (via Wikimedia Commons),
lizensiert unter Creative-Commons-Lizenz by-sa-4.0,
https://creativecommons.org/licenses/by-sa/4.0/legalcode

ring aus dünnem Silberblech. Das seltene Schmuckstück ist 8,3 Zentimeter lang. Ein glockenbecherzeitliches Grab der Totenstadt von Sitten-Petit-Chasseur im Wallis enthielt einen verzierten silbernen Ohrring mit einem Durchmesser von 1,6 Zentimeter.

Revolutionierender als die Verarbeitung der Metalle waren andere Erfindungen während der Kupferzeit, so die Nutzung der ersten Reittiere, des Wagens und der ersten Schrift. Für letztere hatte es schon seit der Vinca-Kultur und der Linienbandkeramischen Kultur (etwa 5.500 bis 4.900 v. Chr.) Vorformen gegeben.

Berittener Krieger
der Glockenbecher-Kultur
mit Pfeil und Bogen.
Zeichnung: Fritz Wendler
(1941–1995) für das Buch
„Deutschland in der Steinzeit"
(1991) von Ernst Probst

Autor Ernst Probst.
Foto: Klaus Benz, Fotograf, Mainz-Laubenheim

Der Autor

Ernst Probst, geboren am 20. Januar 1946 in Neunburg vorm Wald im bayerischen Regierungsbezirk Oberpfalz, ist Journalist und Wissenschaftsautor. Er arbeitete von 1968 bis 1971 bei den „Nürnberger Nachrichten", von 1971 bis 1973 in der Zentralredaktion des „Ring Nordbayerischer Tageszeitungen" in Bayreuth und von 1973 bis 2001 bei der „Allgemeinen Zeitung", Mainz. In seiner Freizeit schrieb er Artikel für die „Frankfurter Allgemeine Zeitung", „Süddeutsche Zeitung", „Die Welt", „Frankfurter Rundschau", „Neue Zürcher Zeitung", „Tages-Anzeiger", Zürich, „Salzburger Nachrichten", „Die Zeit", „Rheinischer Merkur", „Deutsches Allgemeines Sonntagsblatt", „bild der wissenschaft", „kosmos", „Deutsche Presse-Agentur" (dpa), „Associated Press" (AP) und den „Deutschen Forschungsdienst" (df). Aus seiner Feder stammen die Bücher „Deutschland in der Urzeit" (1986), „Deutschland in der Steinzeit" (1991), „Rekorde der Urzeit" (1992), „Dinosaurier in Deutschland" (1993 zusammen mit Raymund Windolf) und „Deutschland in der Bronzezeit" (1996). Von 2001 bis 2006 betätigte sich Ernst Probst als Buchverleger sowie zeitweise als internationaler Fossilienhändler und Antiquitätenhändler. Insgesamt veröffentlichte er mehr als 300 Bücher, Taschenbücher, Broschüren und über 300 E-Books.

Bücher von Ernst Probst

(Auswahl)

Als Mainz im Meer lag
Als Mainz noch nicht am Rhein lag
Das Mammut- Mit Zeichnungen von Shuhei Tamura
Der Europäische Jaguar
Der Mosbacher Löwe. Die riesige Raubkatze aus
Wiesbaden
Der Rhein-Elefant. Das Schreckenstier von Eppelsheim
Der Ur-Rhein. Rheinhessen vor zehn Millionen Jahren
Deutschland im Eiszeitalter
Deutschland in der Frühbronzezeit
Deutschland in der Mittelbronzezeit
Deutschland in der Spätbronzezeit
Die Aunjetitzer Kultur in Deutschland
Die Straubinger Kultur in Deutschland
Die Singener Gruppe
Die Arbon-Kultur in Deutschland
Die Ries-Gruppe und die Neckar-Gruppe
Die Adlerberg-Kultur
Der Sögel-Wohlde-Kreis
Die nordische Bronzezeit in Deutschland
Die Hügelgräber-Kultur in Deutschland
Die ältere Bronzezeit in Nordrhein-Westfalen
Die Bronzezeit in der Lüneburger Heide
Die Stader Gruppe
Die Oldenburg-emsländische Gruppe
Die Urnenfelder-Kultur in Deutschland

Die Mittelsteinzeit in Hessen
Die Mittelsteinzeit in Nordrhein-Westfalen
Die Mittelsteinzeit in Niedersachsen
Die Mittelsteinzeit in Thüringen, Sachsen-Anhalt, Sachsen
und im südlichen Brandenburg
Die Mittelsteinzeit in Schleswig-Holstein, Mecklenburg und
im nördlichen Brandenburg
Die ersten Bauern in Deutschland. Die
Linienbandkeramische Kultur (5.500 bis 4.900 v. Chr.)
Die Ertebölle-Ellerbek-Kultur. Eine Kultur der
Jungsteinzeit vor etwa 5.000 bis 4.300 v. Chr.
Die Stichbandkeramik. Eine Kultur der Jungsteinzeit vor
etwa 4.900 bis 4.500 v. Chr.
Die Oberlauterbacher Gruppe. Eine Kulturstufe der
Jungsteinzeit vor etwa 4.900 bis 4.500 v. Chr.
Die Hinkelstein-Gruppe. Eine Kulturstufe der
Jungsteinzeit vor etwa 4.900 bis 4.800 v. Chr.
Die Rössener Kultur. Eine Kultur der Jungsteinzeit vor
etwa 4.600 bis 4.300 v. Chr.
Die Kupferzeit. Wie die ersten Metalle in Mitteleuropa
bekannt wurden
Die Michelsberger Kultur. Eine Kultur der Jungsteinzeit
vor etwa 4.300 bis 3.500 v. Chr.
Das Rätsel der Großsteingräber. Die nordwestdeutsche
Trichterbecher-Kultur vor etwa 4.300 bis 3.000 v. Chr.
Die Baalberger Kultur. Eine Kultur der Jungsteinzeit vor
etwa 4.300 bis 3.700 v. Chr.
Pfahlbauten in Süddeutschland. Dörfer der Jungsteinzeit
und Bronzezeit an Seen, Mooren und Flüssen
Die Altheimer Kultur / Die Pollinger Gruppe. Zwei
Kulturen der Jungsteinzeit vor etwa 3.900 bis 3.500 v. Chr.

Die Salzmünder Kultur. Eine Kultur der Jungsteinzeit vor
etwa 3.700 bis 3.200 v. Chr.
Die Chamer Gruppe. Eine Kulturstufe der Jungsteinzeit
vor etwa 3.500 bis 2.800 v. Chr.
Die Wartberg-Kultur. Eine Kultur der Jungsteinzeit vor
etwa 3.500 bis 2.800 v. Chr.
Die Walternienburg-Bernburger Kultur. Eine Kultur der
Jungsteinzeit vor etwa 3.200 bis 2.800 v. Chr.
Die Kugelamphoren-Kultur. Eine Kultur der Jungsteinzeit
vor etwa 3.100 bis 2.700 v. Chr.
Die Schnurkeramischen Kulturen. Kulturen der
Jungsteinzeit von etwa 2.800 bis 2.400 v. Chr.
Die Einzelgrab-Kultur. Eine Kultur der Jungsteinzeit vor
etwa 2.800 bis 2.300 v. Chr.
Die Schönfelder Kultur. Eine Kultur der Jungsteinzeit vor
etwa 2.800 bis 2.200 v. Chr.
Die Glockenbecher-Kultur. Eine Kultur der Jungsteinzeit
vor etwa 2.500 bis 2.200 v. Chr.
Die ersten Bauern in Österreich. Die
Linienbandkeramische Kultur vor etwa 5.500 bis 4.900 v.
Chr.
Die Lengyel-Kultur in Österreich. Eine Kultur der
Jungsteinzeit vor etwa 4.900 bis 4.400 v. Chr.
Die Mondsee-Gruppe. Eine Kulturstufe der Jungsteinzeit
vor etwa 3.700 bis 2.900 v. Chr.
Die Badener Kultur in Österreich. Eine Kultur der
Jungsteinzeit vor etwa 3.600 bis 2.900 v. Chr.
Die ersten Pfahlbauten in der Schweiz. Die Anfänge der
Pfahlbauforschung und die Egolzwiler Kultur
Die Cortaillod-Kultur. Eine Kultur der Jungsteinzeit vor
etwa 4.000 bis 3.500 v. Chr.

Die Pfyner Kultur in der Schweiz. Eine Kultur der
Jungsteinzeit vor etwa 4.000 bis 3.500 v. Chr.
Die Horgener Kultur in der Schweiz. Eine Kultur der
Jungsteinzeit vor etwa 3.500 bis 2.800 v. Chr.
Die Schnurkeramiker in der Schweiz. Eine Kultur der
Jungsteinzeit vor etwa 2.800 bis 2.400 v. Chr.

Verzierte kupferne Streitaxt
vermutlich aus der Zeit der Schnurkeramischen Kulturen
(etwa 2.800 bis 2.400 v. Chr.)
aus der Gegend von Mainz. Länge 25,5 Zentimeter.
Foto: Landesmuseum Mainz

www.ingramcontent.com/pod-product-compliance
Lightning Source LLC
Chambersburg PA
CBHW072305170526
45158CB00003BA/1201